ABHANDLUNGEN DER DEUTSCHEN AKADEMIE DER WISSENSCHAFTEN ZU BERLIN

Klasse für Mathematik und allgemeine Naturwissenschaften
Jahrgang 1950 Nr. 2

W. A. AMBARZUMIAN

DIE STERNASSOZIATIONEN UND DIE ENTSTEHUNG DER STERNE

1951

AKADEMIE-VERLAG BERLIN

Vorgelegt in der Gesamtsitzung vom 27. Juli 1950
Zum Druck genehmigt am gleichen Tage, ausgegeben am 15. Juni 1951

Erschienen im Akademie-Verlag GmbH., Berlin NW 7, Schiffbauerdamm 19
Lizenz-Nr. 156 · 100/95/50
Satz und Druck: Deutsche Wertpapier-Druckerei VEB, Leipzig, III/18/185
Bestell- und Verlagsnummer dieser Abhandlung 2001/50/I/2
Preis: 1,50 DM.

Es ist bekannt, daß unser Milchstraßensystem, das Sternsystem, in dem wir leben, aus vielen Milliarden Sternen besteht. Die Sonne mit ihren Planetenfamilien ist ein Glied des Milchstraßensystems. Alle diese Sterne vollziehen eine Bewegung um das Schwerezentrum der Milchstraße. Unter diesen Sternen trifft man oft Doppel-, Dreifach- und multiple Sterne, die aus Körpern bestehen, deren Massen größenordnungsmäßig gleich sind. Die Komponenten der Doppelsterne bilden ein Sternpaar, welches außer der Gesamtbewegung um das galaktische Zentrum noch eine Bewegung der beiden Komponenten um das Schwerezentrum des Paares hat.

Ein noch mehr auffallendes Bild stellen die Sternhaufen dar, welche aus einer großen Anzahl von Sternen bestehen. Jeder der Sterne des Sternhaufens vollzieht zwei Bewegungen — eine um das Zentrum des Haufens, die andere mit dem Haufen um das allgemeine Zentrum des Milchstraßensystems. Die Sternhaufen sind sozusagen kollektive Glieder des Milchstraßensystems.

Die Sternhaufen teilen sich ein in zwei Typen: in offene und kugelförmige Typen. Die ersten sind weniger dichte Objekte, in dem Sinne, daß die Zahl der Sterne pro Volumeneinheit relativ klein ist. Gewöhnlich bestehen sie aus einigen Zehnern, höchstens einigen Hunderten Sternen. Die offenen Haufen drehen sich um das galaktische Zentrum auf Bahnen, die beinahe Kreisbahnen sind; bei ihrer Bewegung entfernen sie sich wenig von der Symmetrieebene der Milchstraße. Sie bestehen hauptsächlich aus Sternen relativ hoher Helligkeit; sie enthalten sehr wenig Zwerge. Kugelförmige Sternhaufen unterscheiden sich merklich von den offenen. Jeder von ihnen besteht aus vielen Zehntausenden, manchmal aus Hunderttausenden Sternen. Die Bahnen der Kugelhaufen um das Zentrum des Milchstraßensystems unterscheiden sich sehr von Kreisbahnen. Bei ihrer Bahnbewegung können sie sich auf große Entfernung von der Symmetrieebene der Milchstraße entfernen, manchmal auf Tausende Parsec. Die Kugelhaufen sind verhältnismäßig reich an Sternen kleiner Leuchtkraft (Zwergen und wahrscheinlich Sub-Zwergen) und enthalten überhaupt nicht heiße Übergiganten.

Unabhängig von diesen so großen Unterschieden sind die Haufen des einen und des anderen Typus immer scharf zu erkennen auf dem Untergrund des galaktischen Sternfeldes, in welchem sie sich befinden, in der Art starker Verdichtungen. Auf Photographien erscheinen sie immer als deutlich sichtbare Anhäufungen.

Jeder Sternhaufen bewegt sich im allgemeinen Gravitationsfeld des Milchstraßensystems. Dieses Feld ist nicht gleichförmig. Aus diesem Grund erfahren Sterne, welche sich in verschiedenen Teilen des Haufens befinden, verschiedene Beschleunigungen. Dieses bedeutet, daß das allgemeine Gravitationsfeld des Milchstraßensystems bestrebt ist, den Haufen auseinanderzuziehen und aufzulösen. Eine solche Einwirkung seitens des gesamten Milchstraßensystems auf den Haufen hat eine Ähnlichkeit mit der Gezeiteneinwirkung der Sonne (oder des Mondes) auf die flüssige Hülle der Erde und kann Gezeiteneinwirkung genannt werden.

Wenn die Gezeitenkraft die Anziehungskraft zwischen den Sternen des Haufens übertrifft, dann kann der Haufen nicht lange als Ganzes bestehen, er wird alsbald sich aufzulösen beginnen. Es ist nicht schwer abzuschätzen, unter welchen Bedingungen die Gezeitenkräfte die inneren Anziehungskräfte zwischen den Sternen des Haufens übertreffen. Das wird dann eintreten, wenn die mittlere Dichte des Haufens unter eine gewisse kritische Dichte absinkt, welche größenordnungsmäßig der mittleren Dichte des Milchstraßensystems gleich ist. Das bedeutet, daß für die Auflösung des Haufens erforderlich ist, daß seine Dichte kleiner werden muß als die Dichte des allgemeinen galaktischen Sternfeldes, in welchem er sich bewegt.

Daraus sollte anscheinend folgen, daß solche Haufen überhaupt nicht existieren dürften. Außerdem müßten die Sterne eines solchen Haufens infolge seiner kleinen Dichte relativ zum umgebenden Untergrund in diesem Untergrund untergehen. Es müßte schwierig sein, bei direkten Himmelsaufnahmen einen solchen Haufen aufzufinden. Bis in jüngste Zeiten ist die Frage nach der Existenz von Systemen derartig geringer Dichte auch nicht gestellt worden.

Im Jahre 1947 haben wir unsere Aufmerksamkeit auf zwei Tatsachen gelenkt, die sich aus den Beobachtungen ergeben haben.

Unter den Zehntausenden veränderlicher Sterne, welche derzeit den Astronomen bekannt sind, gibt es einige Zehner Sterne, welche zum Typ T–Tauri gehören. Die Sterne dieses Typs zeichnen sich aus durch eine völlige Unregelmäßigkeit in der Veränderlichkeit ihrer Helligkeit und zeigen helle Linien in ihrem Spektrum. Sie gehören zu den Zwergen der Spektraltypen G–K–M. In jüngster Zeit sind einige derartige Sterne von dem Observatorium der Deutschen Akademie der Wissenschaften in Sonneberg entdeckt worden. Es stellte sich heraus, daß die Sterne des Typus T-Tauri nicht irgendwie gleichmäßig über den Himmel verstreut sind, sondern in „Nestern" in bestimmten Bezirken des Himmels aufzufinden sind, deren Durchmesser ungefähr zehn Grad beträgt. Unter den Sternen dieses Typus zeichnen sich besonders zwei Gruppen von Sternen aus: eine im Taurus-Auriga, die andere im Aquila-Ophiochus. Eine derartige Konzentration der bisher aufgefundenen T–Tauri-Sterne in bestimmten Bereichen des Himmels kann nicht durch Beobachtungsbedingungen erklärt werden. Sie zeigt, daß es im Milchstraßensystem reale räumliche Gruppierungen der Sterne dieses Typus gibt.

Nichtsdestoweniger kann das Vorhandensein solcher Gruppierungen auch nicht nur das Resultat zufälliger Schwankungen in der Verteilung der T–Tauri-Sterne im galaktischen Raum sein. Folglich muß zwischen den Sternen jeder dieser Gruppen irgendein Zusammenhang existieren. Wenn man den Abstand zwischen den Sternen dieser Gruppen kennt, kann man die Durchmesser und die Dichte dieser Gruppe abschätzen. Diese Dichte stellt sich als hundertmal kleiner heraus als die Sterndichte desjenigen galaktischen Feldes, in welches diese Gruppe der Sterne eingebettet ist. Es versteht sich von selbst, daß bei direkten Aufnahmen des Himmels diejenigen Sterne, welche eine solche Gruppe bilden, vollständig untergehen unter den Tausenden Sternen des Untergrundes. Aus diesem Grunde kann man diese Gruppen nicht zu den gewöhnlichen Sternhaufen rechnen; sie haben deshalb den Namen: T-Assoziationen erhalten. Es stellte sich ferner heraus, daß neben den veränderlichen vom T–Tauri-Typus in denselben Bereichen des Himmels einige Zehner Zwerge des gleichen Spektraltypus G–K–M vorkommen mit Emissionslinien, die aber keine merkliche Veränderung der Helligkeit aufzeigen. Es steht außer Zweifel, daß diese Sterne mit den anderen Sternen der Gruppe in Verbindung stehen, so daß man sie ebenfalls zu den Gliedern der T-Assoziationen rechnen kann. Aber auch mit Berücksichtigung dieser Sterne ist die mittlere Dichte der Assoziation vielfach kleiner als die Dichte des allgemeinen Sternfeldes, in welchem sie sich befindet. Wie wir gesehen haben, kann ein solches System von Sternen nicht lange im Milchstraßensystem bestehen, und, falls es sich gebildet hat, muß es sogleich beginnen, sich aufzulösen. Trotzdem beobachten wir solche T-Assoziationen. Es bleibt nur übrig zuzulassen, daß die T-Assoziationen Sternengruppen sind, welche kürzlich entstanden sind und die zur Zeit unter der Einwirkung von Gezeitenkräften, welche vom Milchstraßensystem als Ganzem ausgehen, sich aufzulösen.

Noch interessanter sind die Tatsachen über die aufgelösten Sterngruppen des Spektraltypus O und B — der heißen Supergiganten.

Man hat schon früher gewußt, daß der offene Haufen N–G–C 6231 im Skorpion und der doppelte Haufen h und χ im Perseus umgeben sind von einer Gruppe aus 2—3 Zehnern Übergiganten hoher Temperatur. Der Durchmesser der Gruppe, welche den doppelten Haufen h und χ Perseus umgibt, erreicht in der Projektion fünf Bogengrade, was mehrfach den Durchmesser eines jeden dieser Haufen übertrifft. Die genannten beiden Haufen bilden zwei Kerne in dieser großen Assoziation von O–B-Sternen. Der lineare Durchmesser dieser Assoziation ist von der Größenordnung 170 Parsec. Dieses ist ein großer Durchmesser im Vergleich mit denen anderer Sternhaufen, offener und kugelförmiger. Diese Assoziation stellt eine so verdünnte Gruppe von Sternen dar, daß sie (mit Ausnahme selbstverständlich ihrer Kerne) auf direkten photographischen Aufnahmen sich nicht abhebt, auf welchen alle Sterne zu sehen sind. Dennoch stellt sie eine merkliche Verdichtung dar, wenn wir nur die O- und B-Sterne auf die Himmelskarte eintragen.

Es trifft zu, daß die O–B-Sterne die höchsten absoluten Helligkeiten besitzen, aber auf den Photographien sehen wir sie zerstreut unter Tausenden anderer Sterne, welche zwar eine niedrige absolute Helligkeit besitzen, aber in kleinerer Entfernung sich befinden und hinsichtlich der visuellen Größe häufig den Sternen der Assoziation nicht nachstehen. Dieses hat den Gedanken nahegelegt, daß, wenn derartige Assoziationen heißer Übergiganten oder, wie wir sie genannt haben, O-Assoziationen, in außergalaktischen Nebeln vorkommen, sie für einen terrestrischen Beobachter nicht untergehen werden im allgemeinen Untergrund der Sterne dieser Nebel, da ja einerseits dieser Untergrund aus absolut schwachen Sternen besteht und andererseits (da ja die Sterne jedes beliebigen außergalaktischen Nebels praktisch gleich weit von uns entfernt sind), daß die Differenzen zwischen der visuellen Helligkeit dieser Sterne genau dieselben bleiben, wie die Differenzen ihrer absoluten Helligkeiten, wenn man von kleinen Unterschieden in der Absorption absieht. Es ergibt sich die paradoxe Situation, daß man in seinem eigenen Milchstraßensystem die Assoziationen schwerer entdeckt als in den zunächst gelegenen außergalaktischen Nebeln.

Diese Überlegungen führen zu dem Schluß, daß die O-Assoziation um h und χ Perseus sich einem Beobachter aus einem außergalaktischen Nebel darbieten als ein gigantischer Sternhaufen mit einem Durchmesser von 170 Parsec, die Assoziation im Skorpion als ein Haufen mit einem Durchmesser von 30—40 Parsec. Wir wollen bemerken, daß die Durchmesser der gewöhnlichen offenen Haufen im Milchstraßensystem selten größer als 10 Parsec und immer kleiner als 20 Parsec sind.

Die Beobachtungen haben gezeigt, daß gerade in einem der beiden nächsten außergalaktischen Nebel — in der großen Magelanschen Wolke — neben offenen Sternhaufen mit Durchmessern bis zu 20 Parsec eine kleine Zahl (etwa 15) Gigantenhaufen vorhanden sind mit Durchmessern größer als 30 Parsec. Insbesondere ist allgemein bekannt der gigantische Haufen N–G–C 1910 in der großen Magelanschen Wolke, dessen Durchmesser größenordnungsmäßig 70 Parsec ist. Dieser Haufen besteht aus heißen Übergiganten. Unter anderem ist in ihm enthalten der Stern S-Doradus, welcher die größte absolute Helligkeit besitzt von allen zur Zeit bekannten Sternen und zum Typ der Sterne P-Cygni gehört, welche speziell die Besonderheit besitzen, daß aus ihnen kontinuierlich und in beträchtlichen Mengen Materie abströmt. Zweifellos ist der Haufen N–G–C 1910 ebenso wie die anderen Gigantenhaufen in der großen Magelanschen Wolke kein gewöhnlicher offener Haufen, sondern eine O-Assoziation, von denen wir einige Beispiele in unserem Milchstraßensystem gesehen haben.

In anderen, entfernteren, Nebeln unregelmäßiger Form, ebenso wie in späten Spiralnebeln, treffen wir ebenfalls Gebilde dieser Art an.

Im besonderen bestehen die Spiralarme der Nebel vom Typ Sc aus einzelnen Verdichtungen, welche blaue Sterne hoher Helligkeit enthalten, das heißt O–B-Sterne. In einigen Fällen besteht das Spektrum dieser Verdichtungen aus hellen Linien, welche für Gasnebel charakteristisch sind (das sind außergalaktische Systeme, bei denen die Spiralarme verhältnismäßig ausgebildet sind und der Kern verhältnismäßig schwach ist). In diesen Fällen enthält die Verdichtung einen großen diffusen Gasnebel. Es ist aber bekannt, daß das Leuchten der großen Gasnebel hervorgerufen wird durch Gruppen von O–B-Sternen. So sind in beiden Fällen die Verdichtung in den Armen der späten Spiralen in Wirklichkeit Sternassoziationen.

Beiläufig, wenn wir zu unserem Milchstraßensystem zurückkehren, so können wir feststellen, daß im Orion Nebel und in seiner Umgebung eine ganze Gruppe O–B-Sterne vorhanden ist, welche einen Abstand von 450 Parsec von uns besitzt und eine O-Assoziation bildet. Es ist interessant, daß in dieser Assoziation wie auch in den anderen Assoziationen, die aus Sternen hoher Helligkeit bestehen, Kerne vorhanden sind in Form von offenen Haufen. Insbesondere unterliegt keinem Zweifel, daß der offene Haufen, welcher das Orion-Trapez (ein multipler Stern) umgibt, ebenfalls den Kern der O-Assoziation im Orion darstellt.

Untersuchungen, die auf der Bürakan-Sternwarte der Armenischen Akademie der Wissenschaften durchgeführt wurden, haben in unserem Milchstraßensystem 20 O-Assoziationen aufgefunden, welche in verschiedenen Entfernungen vorliegen. Mindestens einige dieser Assoziationen enthalten neben den Sternen auch die diffusen Gasnebel.

Die Dichte der O-Assoziation ist, wie bereits erwähnt, größenordnungsmäßig kleiner als die Dichte des Sternfeldes, in welches sie eingebettet ist. Sie können aus diesem Grund keine stationären Gebilde sein. *Sie müssen Gruppen von Sternen sein, die kürzlich entstanden sind und sich jetzt auflösen.* Es ist leicht, zu zeigen, daß die Bildung einer Assoziation nicht eine Folge der Zerstörung irgendeines stationären Systems sein kann, einzelner Sterne oder anderer Körper, welche den Sternen mechanisch äquivalent sind.

Die einzige mögliche Erklärung für die Existenz der Assoziationen ist die Annahme, daß die Sterne sich in ihr gebildet haben als dynamische Einheiten. Wenn wir beachten, daß die differentielle galaktische Rotation die Assoziation auflösen muß, kann man leicht die obere Grenze ihres Alters abschätzen. Für gewöhnliche Assoziationen ergibt sich diese von der Größenordnung einiger 10 Millionen Jahre, was ein verhältnismäßig geringes Alter ist im Vergleich zum Alter unseres Milchstraßensystems, welches zumindest nach Milliarden Jahren gemessen wird. Wenn man jedoch annimmt, daß außer den Gezeitenkräften auch noch andere Kräfte vorhanden sind, welche ein Auseinandergehen der Sterne bewirken, dann ergeben sich an Stelle von 50—60 Millionen Jahre nur 10—20 Millionen Jahre.

Wir kommen zu dem Schluß, *daß die Sterne, welche sowohl die O-Assoziationen wie auch die T-Assoziationen bilden, ungewöhnlich jung sind.*

Es gibt aber auch unabhängige Beweise des ungewöhnlich jungen Alters der Sterne der O-Assoziation. Die O- und B-Sterne und die Wolf-Rayet-Sterne haben von allen bekannten Sternen die größten Massen. Ihre Massen sind zehnmal, auch einige Zehnermal größer als die Masse der Sonne. Von ihrer Oberfläche geht eine mächtige Materieabströmung vor sich. Im Falle der Sterne vom Typ Wolf-Rayet und P-Cygni geht beispielsweise dieser Abfluß kontinuierlich, im Falle der B-Sterne verstärkt er sich bald, bald schwächt er sich ab, und im Zusammenhang damit erscheinen und verschwinden bei diesen die Emissionslinien im Spektrum. So sind also die Sterne der erwähnten Typen die massenreichsten unter allen Sternen, und gleichzeitig verlieren sie intensiv diese Masse. Es ist klar, daß sie sich nicht bilden konnten aus Sternen anderer Typen, welche in anderen Zuständen sich befinden, sondern entstanden sind aus irgendwelchen Körpern, die nicht von der Art der üblichen Sterne sind. Die Intensität des Materieverlustes zeigt, daß die Bildung dieser Sterne ganz kürzlich erst erfolgt sein muß. Auf diese Weise ist es ganz unzweifelhaft, daß die Sterne der Assoziation sich erst kürzlich gebildet haben. Das führt uns zu dem fundamentalen Schluß, daß *die Bildung von Sternen auch heute im Milchstraßensystem vor sich gehen muß.* Der andere wichtige Schluß ist der, *daß die Bildung der Sterne in Gruppen, in Assoziationen erfolgt.*

Es erwächst die Frage: reicht der Mechanismus der Bildung von Sternen durch Stern-Assoziationen aus, um die Herkunft aller Sterne des Milchstraßensystems zu erklären? Obgleich wir einstweilen die Einzelheiten dieses Mechanismus nicht kennen, so können wir doch versuchen, diese Frage zu betrachten. Hierzu können wir zunächst ins Augenmerk fassen das Resultat der von Prof. KUKARKIN durchgeführten Erforschung der Struktur des Milchstraßensystems. Gemäß dieser Arbeit von KUKARKIN bemerken wir bei der Erforschung der Verteilung der Sterne verschiedenen physikalischen Typus im Milchstraßensystem, daß diese Untersysteme häufig verschiedenartige Strukturen besitzen, das heißt die zugehörigen Sterntypen zeigen verschiedene räumliche Verteilung. Nichtsdestoweniger kann man Gruppen von Untersystemen abgrenzen, welche hinsichtlich der räumlichen Verteilung untereinander Ähnlichkeit besitzen. Da sind zum Beispiel die flachen Untersysteme, das heißt solche, deren Sterne hauptsächlich auf die Umgebung der Symmetrieebene der Milchstraße konzentriert sind, O–B–A-Sterne, langperiodische Zepheiden, rote Übergiganten — sie bilden alle flache Untersysteme. Die kurzperiodischen Zepheiden und die Subzwerge, welche von Prof. PARENAGO entdeckt worden sind, bilden kugelförmige Untersysteme. Es gibt auch einen Zwischentyp. Beispielsweise bilden die Untersysteme der G–K-Zwerge solche Zwischentypen.

Die Phasenverteilung jedes Untersystems ist stationär. Diese Verteilung muß langsamen Veränderungen unterworfen sein, zufolge der Annäherung der Sterne untereinander, da bei der Annäherung die Beträge der Bewegungsintegrale der sich annähernden Sterne sich im allgemeinen ändern werden. Aber das Alter der Sterne im Milchstraßensystem ist klein im Verhältnis zur Relaxionszeit. Aus diesem Grunde kann man den Einfluß der Annäherungen während der Lebensdauer der Sterne vernachlässigen. Aus diesem Grunde verändern die Untersysteme ihre räumliche Verteilung nicht mit der Zeit. Aus diesem Grunde können Sterne, die beispielsweise irgendeinem flachen Untersystem angehören, nicht in Sterne eines anderen physikalischen Types sich verwandeln, welche, beispielsweise, ein sphärisches Untersystem bilden. Mit anderen Worten: die Sterne, welche zu Untersystemen verschiedenem Typus gehören, können nicht verschiedene Etappen der Entwicklung desselben Objektes sein.

Dementsprechend verändert sich bei einer Veränderung des Zustandes der Sterne der Typus des Untersystems in keiner nennenswerten Weise.

In diesem Zusammenhang verdient Beachtung der Umstand, daß den in den O-Assoziationen vorkommenden Sternen immer flache Untersysteme entsprechen und den Typen, welche in den T-Assoziationen vorkommen und offenbar in diesen entstehen, der Zwischentyp der Untersysteme.

Es drängt sich der Gedanke auf, daß die gesamte Population der flachen Untersysteme sich in O-Assoziationen gebildet hat und die gesamte Population der Zwischentypen-Untersysteme in den T-Assoziationen.

Das bedeutet, daß die Sterne, welche in den T-Assoziationen entstehen, aus ihnen mit großer Geschwindigkeit entweichen, hingegen aus den O-Assoziationen mit kleinen Geschwindigkeiten.

Wir machen eine grobe Abschätzung. Wenn wir bereits in der Umgebung der Sonne (in Entfernung bis 3000 Parsec) 20 O-Assoziationen kennen, dann ist es wahrscheinlich, daß ihre Gesamtzahl in unserem Milchstraßensystem etwa 10^3 ist. Wenn die Lebensdauer der Assoziation zu etwa 10^7 Jahren angenommen wird, so bedeutet das, daß alle 10^4 Jahre eine O-Assoziation erscheinen muß. In der ganzen Lebensdauer des Milchstraßensystems von ungefähr 10^{10} Jahren, müssen entstanden sein und sich zerstreut haben 10^6 O-Assoziationen. Wenn die Gesamtzahl der Sterne, welche in jeder O-Assoziation entstanden sind, größenordnungsmäßig einige Hundert oder 10^3 ist, so stellt sich heraus, daß während der Lebensdauer des Milchstraßensystems die Gesamtzahl der Sterne, die in O-Assoziationen entstanden sind, von der Größenordnung einiger hundert Millionen oder eine Milliarde sind. Diese Anzahl reicht völlig aus zur Erklärung der Herkunft der gesamten Population der flachen Untersysteme. Eine ähnliche Abschätzung für die T-Assoziationen ist unsicherer. Trotzdem führt sie auf das gleiche Ergebnis für den Zwischentyp der Untersysteme.

Andererseits ist ganz sicher, daß die Sterne der sphärischen Untersysteme nicht entstehen in uns bekannten Sternassoziationen. Ihre Entstehung erfordert eine besondere Betrachtung. Die Sterne, die in den Assoziationen entstehen, bleiben danach nicht unverändert, sondern setzen ihren Entwicklungsprozeß fort. Dieser Zustand verändert sich. Speziell ist folgender Umstand wichtig: die erdrückende Mehrheit der O-Sterne (etwa 90%) gehört zu O-Assoziationen (Gursadian). Das bedeutet, daß, bis die O-Sterne Zeit haben, aus der Assoziation zu entweichen (etwa 10^7 Jahre), ihr Spektraltyp Zeit findet, sich zu verändern. Dasselbe kann auch über die P–Cygni-Sterne gesagt werden.

Die hier vorgetragenen Überlegungen decken bis zu einem gewissen Grade die Bedeutung der Sternassoziationen vom Standpunkt der Kosmogonie auf. Sie unterstreichen die Bedeutung einer detaillierten Untersuchung ihrer Bildung. Hier sind gerade Arbeiten zu erwähnen, welche in allerletzter Zeit auf der Bürakan-Sternwarte durchgeführt wurden und welche eine Reihe von Einzelheiten im Aufbau der Assoziation aufgedeckt haben und die von bedeutendem Interesse sind. Ich gehe jetzt auf diese Tatsachen ein.

Bekanntlich sind die meisten multiplen Systeme von der Art, daß sie aus zwei eng benachbarten und einer weiter entfernten Komponente bestehen. Ein solches System kann genannt werden: Multiples System des gewöhnlichen Typs. Es ist leicht zu sehen, daß alle Bewegungen in diesem System näherungsweise Kepplerschen, periodischen Charakter haben. Wenn wir ein Quadrupelsystem nehmen, so sind die meisten dieser Art solche, in denen zwei eng benachbarte Paare in großem gegenseitigen Abstand sich um dem Systemschwerpunkt bewegen.

Aber es gibt auch multiple Systeme eines anderen Typs.

Wir haben nämlich oben gesehen, daß im Zentrum des offenen Haufens, welcher der Kern der Assoziation im Orion ist, sich das multiple System des Orion-Trapez befindet. Dieses multiple System zeichnet sich von der Mehrzahl anderer multipler Systeme dadurch aus, daß in ihr alle Abstände von derselben Größenordnung sind. Dieser Umstand drückt einen besonderen Charakter für die Bewegung in diesem System aus. Aus diesem Grunde haben wir zur Unterscheidung solcher Systeme von den gewöhnlichen multiplen Systemen die Bezeichnung: vom Typ des Orion-Trapezes eingeführt. Auf diese Weise soll, wenn man in einem multiplen System drei Komponenten, a, b, c, aussuchen kann, zwischen welchen die Abstände a-b, a-c und b-c von der gleichen Größenordnung sind, ein solches System ein System vom Typ Orion-Trapez heißen. Die Bewegungen in solchen Systemen sind nicht periodisch. Als Folge des Energieaustausches zwischen den Komponenten werden solche Systeme genau so zerfallen wie als Folge des Energieaustausches bei Annäherungen jeder Sternhaufen zerfällt.

Die Aussonderung einer Klasse multipler Systeme vom Typ Orion-Trapez erwies sich als sehr fruchtbar für die Untersuchung der Sternassoziationen und Sternhaufen. Es stellte sich heraus, daß in O-Assoziationen eine große Zahl solcher Systeme vorkommt.

Die Erforschung der Assoziation im Cygnus, zu der der Stern P-Cygni selbst gehört, zeigte, daß in dieser Assoziation fünf Kerne vorhanden sind — offene Haufen. Von ihnen enthalten mindestens vier in ihrem Bestand multiple Systeme des Typs Orion-Trapez. Außerdem gibt es in dieser Assoziation isolierte Systeme des Typs Orion-Trapez, welche zu keinem Haufen gehören. Es ist interessant, daß die Hauptsterne jedes dieser Systeme entweder zum Typ O oder zum Typ B–O gehören. Multiple Systeme vom Typ Orion-Trapez gibt es auch in anderen Assoziationen. Die Lineardimensionen dieser Systeme sind von der Größenordnung von 10000 astronomischen Einheiten.

Man kann die Zeit abschätzen, die erforderlich ist für den Zerfall eines Systems dieses Typus. Sie ist größenordnungsmäßig 3 Millionen Jahre, wenn das System eine negative Gesamtenergie besitzt und von der Größenordnung eine Million Jahre und weniger, wenn die Gesamtenergie des Systems positiv ist. Aus diesem Grunde ist in beiden Fällen das multiple System vom Typ Orion-Trapez eines der jüngsten Objekte einer Assoziation. Ihr Vorhandensein bekräftigt völlig unsere Vorstellung von der Bedeutung der Sternassoziationen. Aber ihr Vorhandensein liefert noch mehr. Es zeigt, daß auch innerhalb der Assoziation die Sterne sich nicht alle gleichzeitig bilden, sondern in einzelnen Gruppen, in Haufen, in Systemen vom Typ Orion-Trapez. Das Vorhandensein einer merklichen Zahl multipler Systeme vom Typ Orion-Trapez in irgendeiner Sternassoziation legt Zeugnis davon ab, daß der Vorgang der Entstehung der Sterne in ihr entweder noch andauert oder eben erst aufgehört hat. Man kann zum Beispiel annehmen, daß in der Assoziation um P-Cygni der Vorgang noch nicht aufgehört hat. Das aber bedeutet, daß in dieser Assoziation die Körper noch vorhanden sein müssen, aus denen solche Sterngruppen entstehen. Diese Körper haben wir Proto-Sterne genannt.

Unser Astronom MARKARIAN hat festgestellt, daß die Mehrzahl der offenen Haufen, welche die Kerne von O-Assoziationen bilden, multiple Systeme vom Typ Orion-Trapez enthalten, und daß die letzteren in diesen Fällen eine deutlich sich abhebende Einzelheit der Struktur dieser Haufen darstellt. In den Fällen jedoch, wo der Sternhaufen, welcher den Kern der O-Assoziation bildet, keine multiplen Systeme vom Typ Orion-Trapez enthält, enthält er gewöhnlich eine deutlich sich abzeichnende Sternkette.

Das beste Beispiel für einen Sternhaufen dieser Art ist der Sternhaufen N–G–C 7510, welcher den Kern der Assoziation Kassiopeia II ist. Die hellsten Sterne dieses Haufens bilden zwei parallel laufende Ketten.

Im Jahre 1949 hat man auf der Bürakan-Sternwarte mit einem Schmidt-Reflektor Aufnahmen von offenen Sternhaufen erhalten, welche zu Sternassoziationen als ihre Kerne gehören. Die Durcharbeitung dieser Aufnahmen hat MARKARIAN zum folgenden wichtigen Schluß geführt: Jeder Sternhaufen, welcher unter seinen hellsten Sternen multiple Systeme vom Typ Orion-Trapez oder Ketten enthält, ist ein Kern einer Assoziation.

Außerdem hat MARKARIAN folgende Regel aufgestellt: wenn ein offener Sternhaufen O- oder B–O-Sterne enthält, dann ist dieser Haufen gleichzeitig Kern einer O-Assoziation. Die Erforschung der Sternassoziationen veranlaßte MARKARIAN zu einigen Schlußfolgerungen, welche für die Theorie der Entwicklung der offenen Sternhaufen im allgemeinen von Bedeutung sind. Aber über diese Ergebnisse werde ich, wegen der Kürze der mir zur Verfügung stehenden Zeit, nicht sprechen.

Wir müssen auch folgende Frage behandeln: Gibt es im Milchstraßensystem solche Assoziationen, deren Kerne Haufen sind, in denen die heißesten Sterne zu dem Spektraltypus B 5-A gehören (A-Assoziationen)? Es scheint, daß solche Assoziationen tatsächlich vorkommen. Sie zu finden ist aber schwer, da die Zahl der Sterne, welche zu den späten Unterabteilungen des Types B und des Types A gehören, im allgemein galaktischen Feld sehr groß ist und solche Assoziationen sich nicht sehr scharf in der Projektion am Himmel abheben. Es gibt aber doch zwei Fälle, wo die Gruppierung der Sterne um den Haufen des erwähnten Typs bei uns keine Zweifel verursacht, das heißt wo wir A-Assoziationen haben. Eine von ihnen ist die Sternassoziation M 11 in Scutum.

Auf diese Weise bestätigt sich unsere im Jahre 1947 geäußerte Meinung, daß die im Milchstraßensystem entstehenden Sterne in das Russel-Diagramm an verschiedenen Stellen der Hauptsequenz eintreten. Diese Situation bekräftigt sich nicht nur durch das Vorhandensein von O–A- und T-Assoziationen im Milchstraßensystem, sondern auch durch den wichtigen Umstand, daß in einigen multiplen Systemen vom Typ Orion-Trapez Komponenten vorhanden sind, welche um mehrere Größenklassen schwächer sind als der Hauptstern und folglich sicherlich zu einem anderen Typ gehören.

Schließlich müssen wir auf die wichtige Frage Antwort geben; welcher Art die Körper sind, aus welchen die Sterne entstehen, was die Natur der sogenannten Proto-Sterne ist. Wir haben oben die Vermutung geäußert, daß die Assoziation im Cygnus ebenso wie die Assoziation Kassiopeia II Sterngruppen enthalten, welche sich eben gebildet haben. Diese Vermutung gibt Grund zur Annahme, daß in diesen Assoziationen Protosterne noch vorhanden sind, welche die Umbildung in Sterngruppen noch nicht durchgemacht haben. Wenn sie entdeckt worden wären, würde das das ganze untersuchte Problem schnell vorwärtsbringen.

Man muß die Aufmerksamkeit darauf lenken, daß im Bereich der Assoziation Kassiopeia II und P-Cygni die sogenannten Radio-Sterne liegen, das heißt praktisch punktförmige Quellen kurzwelliger elektromagnetischer Strahlen. Es ist schwer anzunehmen, daß die beobachtete Kurzwellenstrahlung einen Primäreffekt darstellt. Viel eher ist sie ein Sekundärprozeß, eine Strahlung, welche möglicherweise von irgendwelchen schnellen geladenen Teilchen ausgeht, die von Körpern ausgesandt werden, deren Zustand sich erheblich von dem Zustand der gewöhnlichen Sterne unterscheidet. Sind diese Körper vielleicht gerade die Proto-Sterne? Auf diese Fragen werden nur die weiteren Untersuchungen Antwort geben können.

Ich scheue davor zurück, ein Gebiet zu betreten, wo verhältnismäßig wenig Fakte vorliegen und die Welt der Vermutungen beginnt. Eines ist wesentlich, daß die Untersuchung der Sternassoziationen uns zur Entdeckung einer reichen Sammlung neuer Tatsachen geführt hat, die engste Beziehung zum Problem der Entstehung und der Entwicklung der Sterne haben.

Die immer weiter sich ausdehnende Arbeit der sowjetischen im Aufbau befindlichen oder wiederaufzubauenden Observatorien wird zweifellos zu einer Vermehrung dieser Fakte führen.

Die Erfahrung zeigt, daß die Astronomen des kapitalistischen Westens häufig hilflos sind, wenn sie versuchen, die Resultate der Astrophysik vom Standpunkt der Kosmogonie zu diskutieren. Es besteht kein Zweifel, daß die fortschrittliche Wissenschaft, ausgehend von der philosophischen Basis des dialektischen Materialismus, begeistert vom Genius des großen Stalin, die Schwierigkeiten auf dem Wege der kosmogonischen Untersuchungen überwinden wird und die grundlegenden Gesetzmäßigkeiten der Entstehung und der Entwicklung der Sterne aufdecken wird.

ABHANDLUNGEN DER DEUTSCHEN AKADEMIE DER WISSENSCHAFTEN ZU BERLIN

KLASSE FÜR MATHEMATIK UND ALLGEMEINE NATURWISSENSCHAFTEN

W. A. AMBARZUMIAN	Die Sternassoziationen und die Entstehung der Sterne (vorliegende Veröffentlichung)
HELMUT HASSE	Allgemeine Theorie der Gaußschen Summen in algebraischen Zahlkörpern (im Druck)
ARNO HERRMANN MÜLLER	Grundlagen der Biostratonomie (in Vorbereitung)
ERICH THILO / HERBERT FUNK / EVA MARIA WICHMAN	Über neutrale und saure Salze niedrigmolekularer Kieselsäuren und ihre Kondensationsprodukte (im Druck)

MATHEMATISCH-NATURWISSENSCHAFTLICHE KLASSE

Es sind erschienen:

PAUL GUTHNICK	Untersuchungen über das System Beta Lyrae	DM 4,—
PAUL RAMDOHR	Die orientierten Verwachsungen von Bleiglanz, Cotunnit und Anglesit der Grube Christian Levin bei Essen-Borbeck. (Mit einer Bemerkung über Verwachsungen von Bleiglanz und Phosgenit)	DM 4,—
HANS STILLE	Ur- und Neuozeane	DM 7,—
PAUL GUTHNICK	Ein Universalinstrument für lichtelektrische Helligkeitsmessungen an Himmelsobjekten	DM 2,—
PAUL GUTHNICK	Über einen eigenartigen neuen Bedeckungsveränderlichen. I. Mitteilung	DM 2,—
HELMUT HASSE	Invariante Kennzeichnung relativ-abelscher Zahlkörper mit vorgegebener Galoisgruppe über einem Teilkörper des Grundkörpers	DM 6,—
ADOLF LUDIN	Die physio-geographischen Planungsgrundlagen für den Vollausbau des Rio Negro in Uruguay im Interesse von Wasserkraftnutzung, Schiffahrt und Landeskultur. (Ein Beitrag zur Gewässerkunde Südamerikas)	DM 5,—
WALTER GROSS	Die paläontologische und stratigraphische Bedeutung der Wirbeltierfaunen des Old Reds und der marinen altpaläozoischen Schichten	DM 12,—

AKADEMIE-VERLAG · BERLIN NW 7

SITZUNGSBERICHTE DER DEUTSCHEN AKADEMIE DER WISSENSCHAFTEN ZU BERLIN

MATHEMATISCH-NATURWISSENSCHAFTLICHE KLASSE

ALEXANDER DINGHAS	Verallgemeinerung eines Hilbertschen Satzes über das Verhalten einer mit den Legendreschen Polynomen zusammenhängenden quadratischen Form	DM 1,25
HANS HARTING	Die Brechzahlen einiger Halogenidkristalle	DM 2,50
O. HECKMANN / W. DIECKVOSS / H. KOX	Die Ableitung der Eigenbewegungen von Sternen der AG-Kataloge mit Benutzung der Photographischen Himmelskarte, insbesondere in der Zone $+20°$ bis $25°$ (Berlin B)	DM 2,65
HANS ERTEL / CARL-GUSTAV ROSSBY	Ein neuer Erhaltungs-Satz der Hydrodynamik	DM 1,50
WERNER ULRICH	Über die systematische Stellung einer neuen Tierklasse (Pogonofora K. E. Johansson), den Begriff der Archicoelomaten und die Einteilung der Bilaterien	DM 1,75
WALTHER GOTHAN	Über den fossilen Kautschuk	DM 1,85
ROBERT RÖSSLE	Stufen der Malignität	DM 2,25
PAUL RAMDOHR	Über das Vorkommen von Heazlewoodit Ni_3S_2 und über ein neues ihn begleitendes Mineral: Shandit $Ni_3Pb_2S_2$	DM 3,–

KLASSE FÜR MATHEMATIK UND ALLGEMEINE NATURWISSENSCHAFTEN

HANS ERTEL	Zur Psychophysik der Windstärke-Schätzungen	DM 2,–

KLASSE FÜR MEDIZINISCHE WISSENSCHAFTEN

THEODOR BRUGSCH	Ontogenetisch-phylogenetische Beziehungen zu Erkrankungen	DM 1,–
CARL VON EICKEN	Zur Geschichte der direkten Untersuchungsmethoden der oberen Luft- und Speisewege	DM 1,–
ERNST MANGOLD	Darmlänge, Durchgangszeit und Durchgangsgeschwindigkeit (im Druck)	

KLASSE FÜR LANDWIRTSCHAFTLICHE WISSENSCHAFTEN

HANS STUBBE	Über den Selektionswert von Mutanten	DM 3,20
GEORG BLOHM	Die Organisation des landwirtschaftlichen Betriebes unter dem Einfluß der sie bestimmenden Faktoren (im Druck)	

Die erschienenen Hefte sind an die Festbezieher ausgeliefert und können nunmehr auch einzeln abgegeben werden. Wir bitten Bestellungen baldmöglichst aufzugeben, damit die Lieferung erfolgen kann, ehe die Auflagen vergriffen sind.

AKADEMIE-VERLAG · BERLIN NW 7

www.ingramcontent.com/pod-product-compliance
Lightning Source LLC
LaVergne TN
LVHW081350011026
849161LV00013BB/3046